LA
TYPOGRAPHIE ORIENTALE
ET LA
COLLECTION ORIENTALE

LA

TYPOGRAPHIE ORIENTALE

A L'IMPRIMERIE NATIONALE

ET

LA PUBLICATION

DE LA

COLLECTION ORIENTALE

PARIS

IMPRIMERIE NATIONALE

M DCCC LXXXIV

HISTORIQUE

DE

LA COLLECTION ORIENTALE.

Un décret impérial du 22 mars 1813 prescrivait que «quatre «élèves seraient constamment entretenus à l'Imprimerie impériale «pour y être instruits dans la manipulation typographique des ca-«ractères orientaux». L'article 8 de ce décret ajoutait : «Notre Mi-«nistre de l'Intérieur désignera les ouvrages en langue orientale dont «la publication pourra être utile, et notre Grand Juge en ordonnera «l'impression sur les fonds de l'Imprimerie impériale.»

Par un rapport au Roi, daté du 20 août 1824, M. le comte de Peyronnet, Garde des Sceaux, Ministre de la Justice, rappelant les dispositions jusqu'alors négligées du décret de 1813, proposa de les utiliser pour «entreprendre une collection des principaux ou-«vrages orientaux». Tous les gouvernements de l'Europe, disait ce rapport, «secondent à l'envi l'impulsion des esprits vers l'étude des «langues orientales..... Dans ce mouvement général, le premier «rang doit appartenir à la France. La richesse de ses bibliothèques, «l'avantage qu'elle a de posséder la plus précieuse collection de «types orientaux qu'il y ait en Europe, le nombre et le mérite per-«sonnel des savants français, tout lui assure cette utile et flatteuse «supériorité..... Pourquoi ne ferait-on pas aujourd'hui pour la «littérature orientale ce qu'on fit dans le XVIe et le XVIIe siècle pour «l'étude de l'antiquité et pour la littérature classique? Ne pourrait-«on pas, à l'exemple de la grande Collection byzantine, du Recueil

« des Conciles et des historiens de France, exécutés autrefois à l'Imprimerie royale, entreprendre une collection des principaux ouvrages orientaux? »

Le Roi ayant donné son approbation au rapport de M. de Peyronnet, un arrêté ministériel intervint un an plus tard, le 10 septembre 1825, pour déterminer le mode et les conditions d'exécution de la *Collection orientale*. Cet arrêté, toujours en vigueur, stipulait notamment que le choix des ouvrages à imprimer dans la *Collection orientale* et celui des traducteurs-éditeurs seraient faits par une Commission de quatre membres de l'Académie des inscriptions et belles-lettres, présidée par le Directeur de l'Imprimerie royale; que l'exactitude des textes, la fidélité de la traduction et l'exécution typographique seraient surveillées par le membre de l'Académie des inscriptions et belles-lettres attaché à l'Imprimerie royale; que la composition de plusieurs ouvrages serait entreprise et suivie à la fois; qu'il serait imprimé, chaque année, 40 feuilles au moins et 50 feuilles au plus de la Collection; que chaque ouvrage serait tiré à 500 exemplaires, dont 100 à réserver pour des distributions gratuites et 400 destinés à être vendus aux enchères.

Un second arrêté du même jour, 10 septembre 1825, instituait la Commission chargée du choix des ouvrages à publier et la composait de MM. Abel Rémusat, Raoul Rochette, Étienne Quatremère, de Saint-Martin.

Ainsi décidée par l'acte royal du 20 août 1824 et organisée, en principe, par deux arrêtés ministériels, la *Collection orientale* ne devait cependant pas encore voir le jour. La Commission chargée d'en diriger la publication ne tint que quelques séances et la réalisation de l'œuvre conçue fut suspendue ou abandonnée.

En 1832, le projet fut repris par M. Lebrun, alors Directeur de l'Imprimerie royale. Dans un rapport au Garde des Sceaux, en date du 18 mars, il rappela les décisions de 1824 et de 1825; exposa que «quelques essais à peine avaient été tentés»; exprima le regret qu'il n'eût pas été donné suite «à une belle entreprise, utile pour l'avancement des lettres orientales et honorable pour le pays», et sollicita l'autorisation de la poursuivre. Abordant, en même temps, les questions d'exécution, M. Lebrun émit l'avis qu'il y avait lieu de se maintenir dans le programme tracé par l'arrêté de 1825, en ajoutant toutefois «les ouvrages poétiques ou philosophiques» à la catégorie des travaux qui pourraient être compris dans la *Collection orientale*. Chaque ouvrage devait être publié par livraison de 10 feuilles. La dépense d'impression était évaluée à 150 francs par feuille, non compris une allocation de 60 francs au traducteur des textes. Cette dépense serait imputée sur le crédit des impressions gratuites, mais, en quelque sorte, à titre d'avance seulement, car on pouvait compter pour la couvrir, tout au moins en grande partie, sur le produit d'une vente dont le succès semblait assuré par le goût naissant de la France pour l'étude des langues orientales et par le nombre déjà considérable des savants qui s'adonnaient à cette étude en Allemagne et en Angleterre.

Les conclusions de ce rapport ayant été approuvées par le Ministre, M. Lebrun organisa tout aussitôt la Commission chargée du choix des textes à publier. Un arrêté du 29 juin 1832 appela à la former cinq membres au lieu de quatre : MM. Silvestre de Sacy, Étienne Quatremère, de Saint-Martin, de Chézy, Burnouf. M. de Chézy, décédé, fut remplacé, le 14 décembre de la même année, par M. Fauriel. M. de Saint-Martin cessa, vers la même époque, de faire partie de la Commission et ne fut pas remplacé.

L'année suivante, le 23 décembre 1833, M. le Garde des Sceaux, sur l'initiative du Directeur de l'Imprimerie royale, présentait au Roi un rapport très complet sur les origines de la *Collection orien-*

tale et sur les travaux de la nouvelle Commission[1]. « Cette Com-
« mission, disait le Ministre, m'a désigné les textes qui lui parais-
« saient devoir entrer dans la Collection et les orientalistes qui
« seraient chargés de les publier et de les traduire. Cinq ouvrages
« ont été choisis par elle, savoir :

« 1° *L'Histoire des Mongols*, de Raschid Eddin, texte persan.
« M. Quatremère, de l'Académie des inscriptions et de la Société asia-
« tique, s'est chargé de la traduire et de l'annoter; cette histoire, qui
« fait partie d'un recueil fort considérable, formera un volume in-4°.

« 2° Les *Proverbes de Meïdani*, texte arabe. Trois volumes tra-
« duits et annotés par le même savant.

« 3° Le *Bhâgavata Purâṇa* ou Histoire de l'incarnation de Wich-
« nou, texte sanscrit. M. Eugène Burnouf, de l'Académie des inscrip-
« tions et de la Société asiatique, s'est chargé de cette publication,
« qui doit avoir quatre volumes.

« 4° Le *Shah-Nameh* ou *Livre des Rois*, de Firdousi, texte per-
« san, dont la traduction est confiée à M. Mohl, de la Société asia-
« tique. Ce poème est fort considérable, mais formé de petits poèmes
« liés entre eux. Il peut n'être point publié en entier, et chaque livrai-
« son en sera disposée de manière à former un tout complet. Cette
« publication ne s'élèvera pas au delà de trois volumes.

« 5° Enfin le *Code du roi Wagktang I*, texte géorgien, qui formera
« un volume et dont la publication et la traduction sont confiées à
« M. Brosset, de la Société asiatique. »

Au total, les cinq ouvrages choisis par la Commission devaient former douze volumes, dont on proposait l'exécution simultanée, par livraisons, de manière à donner chaque année au public l'équivalent d'un volume. Les frais de publication de ce volume étaient

[1] Ce rapport a été imprimé en tête du premier volume publié de la *Collection orientale*, formant le tome I de l'*Histoire des Mongols*.

évalués à 12 000 francs, dont la moitié, au moins, serait couverte par la vente. Pour faire face à l'autre moitié, il était demandé au Roi d'allouer à la Commission orientale, sur le crédit des impressions gratuites et pour une durée *minima* de quinze années, une subvention annuelle de 6 000 francs.

Ce rapport et ses conclusions furent approuvés par le Roi.

L'Imprimerie royale se mit à l'œuvre. En 1837, elle publia le tome I de l'*Histoire des Mongols* et, l'année suivante, le tome I du *Livre des Rois*.

En 1838, MM. Mohl et Jaubert furent appelés à faire partie de la Commission de publication, en remplacement, sans doute, de membres décédés ou démissionnaires.

De 1838 à 1848, parurent successivement :

En 1840, le tome I du *Bhâgavata Purâṇa;*

En 1842, le tome II du *Livre des Rois;*

En 1844, le tome II du *Bhâgavata Purâṇa;*

En 1846, le tome III du *Livre des Rois;*

En 1848, le tome III du *Bhâgavata Purâṇa.*

Trois des cinq ouvrages désignés par la Commission de 1833 avaient donc été entrepris simultanément et se trouvaient, en 1848, à divers degrés d'avancement.

Quant aux deux autres, le *Code géorgien* et les *Proverbes de Meïdani,* la publication en avait été abandonnée, après la composition de quelques cahiers seulement, «par suite du refus ou de l'impossi-«bilité des traducteurs de continuer leur travail».

Mais divers mécomptes s'étaient produits, tous de nature grave. La publication des ouvrages choisis n'avait pas été circonscrite dans les limites prévues au début. L'*Histoire des Mongols*, laissée incomplète dans un premier volume, en sollicitait un second; le *Bhâgavata Purâṇa* n'était pas achevé avec le troisième volume, et enfin les trois premiers volumes du *Livre des Rois* n'atteignaient pas à la moitié de l'œuvre de Firdousi. D'autre part, les calculs de dépenses et de recettes sur lesquels on s'était engagé dans l'opération se trouvaient singulièrement modifiés par les faits.

Aussi, dès 1846, y a-t-il dans l'exécution de la *Collection orientale* un ralentissement, marqué par la suspension du *Livre des Rois* après le troisième volume, bien que la composition du quatrième fût commencée. On se borne, à partir de ce moment, à achever le troisième volume du *Bhâgavata Purâṇa;* il fut publié en 1848.

A cette dernière époque, la publication est entièrement arrêtée. La liquidation du passé, tout au moins l'établissement d'une situation exacte des dépenses faites, semble devenir l'objet des préoccupations administratives. C'était à bon droit, car une élévation considérable était survenue dans les dépenses. Cette élévation paraît avoir tenu à plusieurs motifs. Dans la pensée des promoteurs de la création de la *Collection orientale*, on devait utiliser, pour l'exécution de cette Collection, l'école typographique orientale de l'Imprimerie royale, c'est-à-dire avoir un service gratuit de composition, puisque la rémunération, très faible d'ailleurs, des apprentis formant cette école, rentrait dans les frais généraux de l'établissement. Rédigés, sans doute, sous l'impression de cette idée, les devis de 1833 ne purent pas suffire aux salaires de typographes d'élite, payés de gré à gré et fort chèrement. Peut-être aussi ces devis n'étaient-ils pas exacts sur d'autres points. Enfin les modifications apportées, en cours d'exécution, aux conditions de tirage primitivement déterminées troublèrent sensiblement les calculs. En effet, l'arrêté ministériel de 1833 n'avait prévu qu'un tirage à 500 exemplaires. Or, pour les deux premiers volumes de la Collection, il y eut trois tirages s'élevant ensemble à 510 exemplaires, savoir: un tirage à 10 exemplaires avec encadrements en or et en couleurs; un tirage à 100 exemplaires avec encadrements rouges; un tirage à 400 exemplaires avec encadrements noirs. L'énormité des dépenses dut frapper l'attention, car le tirage total fut, pour les volumes suivants, réduit à 260 exemplaires; mais les trois sortes d'encadrements étant maintenues, le tirage en or pour son chiffre primitif intégral et le tirage en rouge avec une réduction à 50 exemplaires, l'économie réalisée n'eut qu'une faible importance; elle fut annihilée d'ailleurs par les frais supplémentaires d'une deuxième édition du *Bhâgavata Purâṇa* dans un format réduit.

L'achat seul de l'or et des couleurs pour les dix exemplaires de grand luxe des sept premiers volumes de la *Collection orientale* figure à l'état de situation de 1849 pour 55 966 fr. 67. Les frais de reliure et d'étuis des exemplaires de ces sept volumes offerts par le Gouvernement sont inscrits au même compte pour 13 167 francs.

L'établissement de comptes de 1849 n'était pas de nature à encourager la reprise de la publication. Celle-ci demeura interrompue jusqu'en 1852. Un arrêté directorial du 25 mai de cette année en prescrivit la continuation, en stipulant toutefois que l'exécution serait limitée à l'emploi du crédit annuel de 6 000 francs imputable sur le fonds des impressions gratuites. Le tirage fut maintenu aux chiffres adoptés à partir du troisième volume : 260 exemplaires, dont 10 en or, 50 en rouge et 200 avec encadrements noirs.

Depuis cette époque, la Collection s'est enrichie des tomes IV, V et VI du *Livre des Rois*, publiés en 1855, 1867 et 1868. Le tome VII, qui termine cet important ouvrage, a été publié en 1878.

Ces quatre tomes du *Livre des Rois* ont occasionné une dépense de 197 100 francs, soit 49 275 francs par volume[1].

[1] Le tome VII a coûté à lui seul 70 931 fr. 25.

SITUATION ACTUELLE, RÈGLEMENT NOUVEAU.

La Commission de publication de la *Collection orientale* n'existe plus. Tous les membres qui en ont fait partie sont décédés successivement. M. Mohl a été le dernier.

Des cinq ouvrages désignés en 1833 par cette Commission pour commencer la Collection, deux ont été abandonnés à peine entrepris, les *Proverbes arabes de Meïdani* et le *Code géorgien du roi Wagktang*.

Un, le *Livre des Rois*, a été terminé avec le septième volume.

Les deux autres : l'*Histoire des Mongols* et le *Bhâgavata Purâna*, sont incomplets. Ce dernier, dont le tome IV vient de paraître, a été conduit jusqu'à la fin de la première partie du livre X. Il est donc nécessaire aujourd'hui de déterminer de nouvelles traductions. Dans ce but il fallait réorganiser la Commission. C'est ce que le Directeur de l'Imprimerie nationale, M. Doniol, a exposé à M. le Garde des Sceaux, dans un rapport du 29 mai de l'année courante.

« La publication de la *Collection orientale* par l'Imprimerie nationale, porte ce document, est un des titres de cet établissement les plus appréciés au point de vue esthétique et par le monde savant. Elle n'a jamais été supposée devoir couvrir par la vente une portion bien notable de ses frais. Œuvre afférente aux hautes études, elle est libéralement exécutée par l'État au profit du monde savant de tous les pays. Elle procure à la France une manière de manifester et de maintenir l'incontestable valeur de l'atelier oriental établi en 1813 dans son Imprimerie nationale. Elle continue, suivant les données de notre temps, les traditions d'art et de munificence de l'ancienne Imprimerie royale. » Les conditions précédentes d'exécution étant passées en revue dans ce rapport, les difficultés financières et, par suite, la lenteur de la publication exposées, M. le Directeur a proposé les moyens qui lui ont paru propres à éviter, tout au moins à amoindrir le plus possible, pour l'avenir, des difficultés nouvelles et de nouveaux retards. Ces moyens concernent principalement deux objets : le format et le luxe de la publication; les règles à suivre pour établir les manuscrits et pour les livrer à la composition. Un point important aussi avait trait au budget annuel de la publication, qui, de 6 600 francs d'abord, prélevés sur le crédit total des impressions gratuites, a été réduit à 4 600 francs depuis quelques années, et dont on aurait craint, peut-être, de ne pas avoir le droit de demander l'accroissement sur les fonds annuellement libres de la portion de ce crédit allouée aux auteurs à qui le bénéfice de l'impression gratuite est accordé par le Comité. La composition de la Commission, quant au nombre des membres, appelait avant tout l'attention.

« La Commission précédente, dit le rapport du 29 mai, était com-« posée de cinq membres. A la date où elle fut formée, ce nombre « correspondait bien à la place occupée par les études d'orientalisme. « La situation est différente aujourd'hui; plus de savants se plaisent « à ces études et s'en partagent avec autorité les spécialités multiples; « il me semble avantageux d'en réunir un plus grand nombre. Nous « donnerons ainsi satisfaction aux divers groupes que ces études pré-« sentent. Il n'y a qu'avantage, d'ailleurs, à intéresser à la *Collection* « *orientale* proprement dite, et par là aux productions de l'atelier « oriental de l'Imprimerie nationale en général, la plupart des savants « que ce genre d'occupation attire. En outre, la préparation des ou-« vrages est lente, il faut s'y prendre de loin et à plusieurs; à ce « point de vue aussi le nombre sera favorable. »

A tous ces égards, M. le Garde des Sceaux a bien voulu approuver les propositions de M. le Directeur et les consigner dans un arrêté désormais réglementaire, dont voici les dispositions :

ARRÊTÉ.

Nous, Garde des Sceaux, Ministre Secrétaire d'État au département de la Justice et des Cultes,

Vu le rapport de M. le Directeur de l'Imprimerie nationale, par nous approuvé à la date du 29 mai courant, au sujet de la réorganisation de la Commission chargée de publier la *Collection orientale*, et déterminant à nouveau les conditions de cette publication ;

Vu l'arrêté de notre prédécesseur, en date du 10 septembre 1835, qui a constitué la Commission ;

Considérant que tous les membres de cette Commission, nommés par l'arrêté dont il s'agit et par des arrêtés postérieurs, sont aujourd'hui décédés,

Arrêtons :

Article premier. Sont nommés membres de la Commission de publication de la *Collection orientale*, sous la présidence de M. le Directeur de l'Imprimerie nationale :

MM. Renan,
Pavet de Courteille,
Bréal,
Barbier de Meynard,
Oppert,
Senart,
Maspero,
Membres de l'Institut (Académie des inscriptions et belles-lettres) ;

M. Foucaux, professeur de langue et de littérature sanscrites au Collège de France ;

M. Bergaigne, maître de conférences à la Faculté des lettres et à l'École des hautes études ;

M. Zotenberg, bibliothécaire à la Bibliothèque nationale.

M. Adolphe Regnier, inspecteur de la typographie orientale à l'Imprimerie nationale, et M. Guyard, correcteur de la typographie orientale, auront entrée à la Commission avec voix délibérative. M. Guyard y remplira les fonctions de secrétaire.

Art. 2. La Commission tiendra dorénavant deux séances annuelles, sans préjudice des réunions des sous-commissions qu'elle pourra former. Pour chacune de ces deux séances annuelles, les membres assistants recevront deux jetons de présence pareils à ceux attribués aux membres du Comité des impressions gratuites, et les membres des sous-commissions deux jetons en plus, quel que soit le nombre des séances de la sous-commission dont ils feront partie.

Art. 3. Les ouvrages de la *Collection orientale* seront désormais publiés in-quarto, sans frontispices, culs-de-lampe ou encadrements, avec texte à mi-page et traduction au-dessous, conformément au spécimen ci-annexé et approuvé. Il ne sera plus imprimé d'exemplaires in-folio et il n'en sera pas tiré à part dans ce format, si ce n'est sur la demande de l'auteur et à ses frais. Toutefois, s'il était publié de nouveaux volumes de l'*Histoire des Mongols* et du *Bhâgavata Purâṇa*, il serait fait un tirage exceptionnel de l'in-quarto sur feuilles in-folio, avec encadrements, frontispices et culs-de-lampe en noir, conformément au spécimen également ci-annexé et par nous approuvé; ce tirage exceptionnel, destiné à compléter certaines collections in-folio importantes, ne pourra, dans tous les cas, dépasser 50 exemplaires[1].

Art. 4. L'impression d'aucun ouvrage ne sera commencée qu'autant qu'il aura été l'objet d'une décision formelle de la Commission, après rapport d'un de ses membres et sur la connaissance qu'elle aura prise du devis établi en conséquence. La copie devra être remise à la Direction, sans l'ordre de laquelle la mise en composition est interdite. Les règles prescrites par les articles du règlement des impressions gratuites, sauf celle qui est édictée en l'article 35, seront d'ailleurs appliquées aux ouvrages à imprimer désormais dans la *Collection orientale*.

Art. 5. Chaque année, en fin d'exercice, le Comité des impressions gratuites pourra affecter tout ou partie des fonds restés libres sur le crédit de 20 000 francs afférent aux auteurs admis au bénéfice de la gratuité, à la publication de la *Collection orientale*. Le Comité ne pourra agir ainsi que sous la condition que cette affectation ne dépassera pas 5 000 francs, soit le quart du crédit total des auteurs, et qu'elle n'aura lieu qu'en raison d'un excédent de crédit sur les dépenses. Cette affectation est d'ailleurs indépendante de la somme de 4 600 francs déjà allouée à la *Collection orientale* à titre permanent sur l'ensemble du crédit de 40 000 francs des impressions gratuites.

[1] Les spécimens sont ci-après.

Art. 6. Tout ouvrage d'orientalisme qui sera admis au bénéfice de l'impression gratuite par le Comité pourra dorénavant prendre place dans la *Collection orientale*. A cet effet, le devis en serait établi sur le spécimen de cette collection; il aurait en premier titre, indépendamment de son titre particulier, et sur le plat et le dos, le titre : *Collection orientale*, ainsi que la tomaison de la Collection. Le prochain ouvrage publié portera l'indication de *Tome VIII*.

Fait à Paris, le 30 mai 1884.

Le Garde des Sceaux,
Ministre de la Justice et des Cultes,

Martin Feuillée.

Les dispositions de l'arrêté qui précède ont été prises après un examen minutieux des entraves survenues, successivement, dans la publication de la *Collection orientale*. Ces dispositions semblent de nature à assurer désormais la continuation de l'œuvre. Ce serait une grande satisfaction pour la Direction actuelle de l'Imprimerie nationale d'avoir contribué à ce résultat; tout semble lui permettre d'espérer qu'il sera atteint.

L'historique de l'atelier oriental et celui des belles impressions qui en sont sorties méritaient de rester dans les souvenirs du monde savant. La Direction reproduit à la suite du présent exposé les documents administratifs qui constituent cet historique.

Imprimerie nationale, 15 juin 1884.

Le Directeur, Correspondant de l'Institut,

H. Doniol.

Vu et annexé à notre arrêté du 30 mai 1884.

Le Garde des Sceaux, Ministre de la Justice et des Cultes.

Signé : Martin Feuillée.

गायन्त्यः प्रियकर्माणि रुदन्त्यश्च गतह्रियः ।
तस्य संस्मृत्य संस्मृत्य यानि कैशोरबाल्ययोः ॥ १० ॥
काचिन्मधुकरं दृष्ट्वा ध्यायन्ती कृष्णसंगमं ।
प्रियप्रस्थापितं दूतं कल्पयित्वेदमब्रवीत् ॥ ११ ॥

श्रीगोप्युवाच ॥ मधुप कितवबन्धो मा स्पृशाङ्घ्रिं सपत्न्याः
कुचविलुलितमालाकुङ्कुमश्मश्रुभिर्नः ।
वहतु मधुपतिस्तन्मानिनीनां प्रसादं
यदुसदसि विडम्ब्यं यस्य दूतस्त्वमीदृक् ॥ १२ ॥
सकृदधरसुधां स्वां मोहिनीं पाययित्वा
सुमनस इव सद्यस्तत्यजे ऽस्मान् भवादृक् ।
परिचरति कथं तत्पादपद्मं तु पद्मा
अपि बत हृतचेता उत्तमश्लोकजल्पैः ॥ १३ ॥
किमिह बहु षडङ्घ्रे गायसि त्वं यदूनाम्
अधिपतिमगृहाणामग्रतो नः पुराणं ।

10. *Çuka dit :* C'est ainsi que, sous les dehors trompeurs de la nature humaine, Hari, qui est l'âme universelle, les fascinait par ses paroles; et eux, le prenant sur leurs genoux et l'embrassant, en étaient pénétrés de joie.

11. Ils le baignaient de leurs larmes, et la tendresse les enveloppant comme d'une chaîne, ô roi, ils ne disaient mot : les sanglots étouffaient leur voix, et leur âme était troublée.

12. Après qu'il eut ainsi consolé son père et sa mère, le bienheureux fils de Dêvakî fit roi des Yadus Ugrasêna, son grand-père (son grand-oncle) maternel;

13. Et il lui dit : Commande-nous, grand roi, à nous et aux sujets; la malédiction de Yayâti interdit aux Yadus de s'asseoir sur le trône.

14. Quand je me fais ton serviteur et que je t'honore, si les Dieux

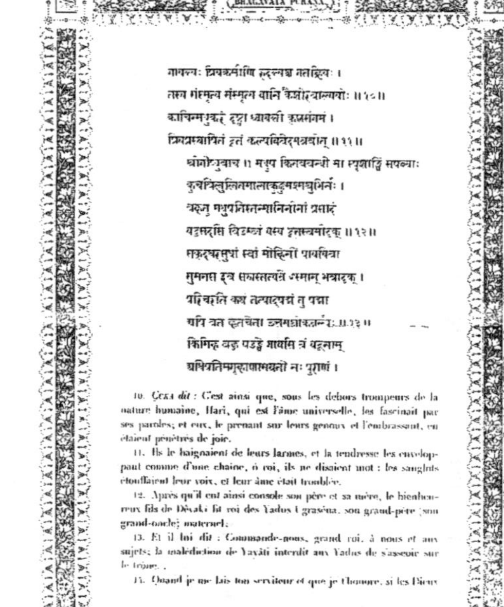

गायन्त्यः प्रियकर्माणि रुदन्त्यश्च गतह्रियः ।
तस्य संस्मृत्य संस्मृत्य यानि कैशोरबाल्ययोः ॥१०॥
काचिन्मधुकरं दृष्ट्वा ध्यायन्ती कृष्णसंगमं ।
प्रियप्रस्थापितं दूतं कल्पयित्वेदमब्रवीत् ॥११॥

गोप्युवाच ॥ मधुप कितवबन्धो मा स्पृशाङ्घ्रिं सपत्न्याः
कुचविलुलितमालाकुङ्कुमश्मश्रुभिर्नः ।
वहतु मधुपतिस्तन्मानिनीनां प्रसादं
यदुसदसि विडम्ब्यं यस्य दूतस्त्वमीदृक् ॥१२॥
सकृदधरसुधां स्वां मोहिनीं पाययित्वा
सुमनस इव सद्यस्तत्यजेऽस्मान् भवादृक् ।
परिचरति कथं तत्पादपद्मं तु पद्मा
ह्यपि बत हृतचेता उत्तमश्लोकजल्पैः ॥१३॥
किमिह बहु षडङ्घ्रे गायसि त्वं यदूनाम्
अधिपतिमगृहाणामग्रतो नः पुराणं ।

10. *Çuka dit :* C'est ainsi que, sous les dehors trompeurs de la nature humaine, Hari, qui est l'âme universelle, les fascinait par ses paroles; et eux, le prenant sur leurs genoux et l'embrassant, en étaient pénétrés de joie.

11. Ils le baignaient de leurs larmes, et la tendresse les enveloppant comme d'une chaîne, ô roi, ils ne disaient mot : les sanglots étouffaient leur voix, et leur âme était troublée.

12. Après qu'il eut ainsi consolé son père et sa mère, le bienheureux fils de Dêvakî fit roi des Yadus Ugrasêna, son grand-père (son grand-oncle) maternel;

13. Et il lui dit : Commande-nous, grand roi, à nous et aux sujets; la malédiction de Yayâti interdit aux Yadus de s'asseoir sur le trône.

14. Quand je me fais ton serviteur et que je t'honore, si les Dieux

DOCUMENTS

RAPPORT DU GRAND JUGE,

MINISTRE DE LA JUSTICE,

AYANT POUR OBJET D'INSTITUER À L'IMPRIMERIE IMPÉRIALE QUATRE ÉLÈVES COMPOSITEURS POUR LA LANGUE ORIENTALE.

Du 23 décembre 1812.

Sire,

Un bel assortiment de poinçons et caractères orientaux faisait autrefois partie du cabinet de l'Imprimerie royale, au Louvre, et passait pour l'une des plus précieuses collections de ce genre.

Ce fonds s'est d'abord accru des poinçons orientaux de la Propagande, envoyés de Rome à Paris à la suite des premières conquêtes de Votre Majesté en Italie.

Les poinçons de la typographie orientale de Médicis ont également été envoyés, l'année dernière, de Florence, à l'Imprimerie impériale, par les ordres de Votre Majesté.

La réunion de ces diverses collections forme aujourd'hui la plus riche typographie orientale qui existe en aucun pays du monde. Les nombreux alphabets dont elle se compose sont remarquables autant par la correction du dessin et la parfaite conformité des lettres avec celles des plus beaux manuscrits orientaux que par la netteté et la hardiesse de la gravure, exécutée pour la plus grande partie dans le seizième siècle, par des artistes dont le talent serait difficilement égalé, même aujourd'hui.

De savants orientalistes ont dirigé avec zèle le classement de ces caractères, qui se trouvaient dans un état de confusion et de désordre, tels qu'ils avaient été envoyés à Paris; mais, malgré le succès de cette opération, qui avait exigé de grands soins, ils ne présenteraient encore aujourd'hui qu'une richesse et un objet de curiosité stériles, si Votre Majesté ne les trouvait toujours prêts à être employés à son service, au premier ordre qu'elle en donnerait.

Pour parvenir à ce but, deux choses sont principalement nécessaires : la première, d'instruire des ouvriers dans la connaissance et la manipulation de ces caractères; la seconde, de leur assurer une occupation suffisante pour les entretenir dans l'habitude de leur travail.

Or, les besoins de la librairie commerçante sont trop peu étendus, en ce qui concerne les ouvrages en langues orientales, pour encourager l'étude longue et difficile même de la simple lecture de ces langues, dans la vue seulement d'appliquer cette connaissance à la composition typographique des caractères orientaux. Il est donc indispensable de former à l'avance des ouvriers qui soient en état d'exécuter la composition typographique des ouvrages orientaux dont Votre Majesté viendrait à ordonner ou autoriser l'impression.

Déjà, depuis deux ou trois ans, des élèves ont été choisis et entretenus par l'administration de l'Imprimerie impériale pour être instruits dans la lecture et l'intelligence des langues orientales, et cet essai a été suivi de tout le succès qu'on en pouvait attendre.

Ces élèves sont utilement employés à l'impression des Notices et Extraits des manuscrits de la Bibliothèque impériale et à celle des Mémoires de la troisième classe de l'Institut; mais ces ouvrages seraient insuffisants pour les entretenir dans une pratique constante de leur art, et il est nécessaire de pourvoir aux moyens de ne pas les laisser sans occupation.

C'est pour donner plus de consistance à cette institution, dont les bons effets se sont déjà fait ressentir, et pour exciter une plus grande émulation parmi ces élèves, que j'ai l'honneur de soumettre à Votre Majesté le projet de décret ci-joint. Ce décret, en régularisant ce qui a été fait, assurera une continuité de travail dont ils manquent souvent, et autorisera la publication de quelques ouvrages élémentaires arabes dont le besoin se fait sentir pour les écoles publiques des langues orientales, et dont le débit, sans être un objet de produit important, suffira néanmoins pour couvrir la dépense peu considérable à laquelle l'éducation de ces élèves aura donné lieu, et deviendra en même temps une chose utile à l'étude et au progrès des langues orientales en France.

Je prie Votre Majesté de vouloir bien renvoyer à son Conseil d'État l'examen de ce rapport et du projet de décret qui y est joint.

Le Duc DE MASSA.

DÉCRET.

Au Palais de Trianon, le 22 mars 1813.

NAPOLÉON, Empereur des Français, Roi d'Italie, protecteur de la Confédération du Rhin, médiateur de la Confédération suisse, etc.,

Sur le rapport de notre Grand Juge, Ministre de la Justice,

Notre Conseil d'État entendu,

Nous avons décrété et décrétons ce qui suit :

ARTICLE PREMIER.

Quatre élèves seront constamment entretenus à notre Imprimerie impériale, pour y être instruits dans la manipulation typographique des caractères orientaux.

ART. 2.

Ils suivront les cours publics de ces langues, pour travailler ensuite à la composition typographique sous la direction du prote des langues orientales.

ART. 3.

Ils seront distingués en première et seconde classe, selon leur aptitude et les progrès qu'ils auront faits dans leurs travaux.

ART. 4.

Aucun élève de deuxième classe ne pourra être admis au rang de première classe s'il n'a travaillé pendant une année entière, en qualité d'élève de deuxième classe, à la satisfaction de ses chefs.

ART. 5.

Les élèves de première classe recevront un salaire de 3 francs, et ceux de seconde classe, de 2 francs par jour, jusqu'à l'achèvement de leur apprentissage, qui ne pourra excéder la durée de trois années.

ART. 6.

Les élèves de première classe pourront être admis comme compositeurs dans l'atelier typographique des langues orientales et y recevront un salaire proportionné au service qu'ils seront en état d'y rendre, soit à la tâche, soit à la journée.

Le taux de ce salaire sera calculé à moitié en sus du salaire ordinaire pour le même genre d'ouvrage dans les langues usuelles.

ART. 7.

Les protes, correcteurs et lecteurs pour les langues orientales seront, autant que possible, choisis, à chaque vacance d'emploi, parmi les compositeurs ou élèves les plus habiles dans l'intelligence de ces idiomes.

ART. 8.

Notre Ministre de l'Intérieur désignera les ouvrages en langues orientales dont la publication pourra être utile, et notre Grand Juge en ordonnera l'impression sur les fonds de l'Imprimerie impériale.

ART. 9.

L'Auditeur-Inspecteur de l'Imprimerie impériale rendra compte, chaque année, à Notre Grand Juge, Ministre de la Justice, des progrès que les élèves auront faits dans leurs études, de leur assiduité, de leur bonne conduite, et sollicitera pour eux les gratifications et encouragements qu'ils auront mérités.

ART. 10.

Notre Grand Juge, Ministre de la Justice, et notre Ministre de l'Intérieur, sont chargés de l'exécution du présent décret.

NAPOLÉON.

ÉLÈVES DE L'ATELIER ORIENTAL.

Paris, le 15 avril 1813.

A S. Exc. M. le duc de Massa, Grand Juge et Ministre de la Justice.

Monsieur le Duc, un décret impérial du 22 mars dernier a créé quatre places d'élèves à l'Imprimerie impériale pour y être instruits dans la manipulation typographique des caractères orientaux.

Ces élèves doivent suivre les cours de l'École spéciale établie pour les langues orientales près la Bibliothèque. Lorsque Votre Excellence aura bien voulu me désigner les quatre élèves qu'elle aura nommés, je donnerai des ordres pour que les professeurs leur donnent des soins particuliers.

D'après l'article 8 du décret, je dois désigner les ouvrages orientaux dont la publication pourra être utile.

Il me sera fait un rapport à cet égard. J'aurai l'honneur, Monsieur le Duc, de vous donner connaissance de ma décision.

Je prie Votre Excellence d'agréer l'assurance de ma haute considération et de mon inviolable attachement.

MONTALIVET.

OUVRAGES ORIENTAUX À IMPRIMER.

Paris, 1er juin 1813.

A S. Exc. M. le duc de Massa, Ministre de la Justice.

Monsieur le Duc, j'ai l'honneur d'adresser à Votre Excellence la liste des ouvrages en langue orientale dont la publication est intéressante et qui me semblent devoir être choisis de préférence pour être imprimés par les élèves typographiques entretenus à l'Imprimerie impériale afin d'y être exercés dans la manipulation des caractères orientaux.

Je vous prie, Monsieur le Duc, de vouloir en conséquence donner des ordres pour que les ouvrages indiqués dans cette note soient imprimés par les élèves du Gouvernement.

Agréez, Monsieur le Duc, les assurances de ma haute considération et de mon inviolable attachement.

MONTALIVET

MINISTÈRE DE L'INTÉRIEUR.

NOTE DES OUVRAGES À IMPRIMER.

EN CARACTÈRES ARABES :

Le texte arabe des Fables de Bidpai, connues sous le titre de *Koleilah et Dimnah*. Le recueil peut former un volume in-4°.

EN CARACTÈRES ARABES D'AFRIQUE DITS *MAGHREBY* OU *OCCIDENTAUX* :

L'*Extrait du Dictionnaire arabe littéral expliqué en arabe vulgaire*, par Djoubrail ben Farhad.

EN CARACTÈRES TURCS :

La traduction turque des Fables de Bidpai, sous le titre de l'*Humâyoun Namèh* ;

Des extraits de formules de chancellerie intitulées *In Châ*.

EN CARACTÈRES PERSANS DITS *TALYK* :

Le *Beharistan* ou Séjour du Printemps de Djâmy, recueil d'anecdotes et de sentences écrites en persan. Il peut former un volume in-8°.

EN CARACTÈRES ARMÉNIENS :

L'*Histoire universelle* de Mathieu d'Édesse, un volume in-8° ;

Extraits du *Traité grammatical* de Jean d'Ezegan ;

Le *Dictionnaire malabar-latin* du P. Valentin.

Le Ministre de l'Intérieur, Comte de l'Empire,

MONTALIVET.

RAPPORT AU ROI

SUR LES ÉLÈVES ET LES TRAVAUX D'IMPRIMERIE ORIENTALE.

Ce 20 août 1824.

Sire,

A l'époque de la renaissance des lettres, lorsque les peuples de l'Europe, échappés à peine à la barbarie, se livraient avec enthousiasme à la recherche des restes précieux de l'antiquité, François Ier, jaloux de favoriser le mouvement de son siècle, institua l'Imprimerie royale et fit publier par elle un grand nombre de vieux manuscrits conservés, mais oubliés, dans les monastères: l'exemple de ce grand prince fut imité par ses successeurs. Les presses royales ne cessèrent point de former d'importantes et précieuses collections que la munificence des rois pouvait seule tirer de l'oubli.

De nos jours, une direction nouvelle a été donnée aux esprits. L'étude de l'antiquité ne suffit plus à l'insatiable ardeur de nos érudits. On dirait que nous avons épuisé ces sources fécondes d'où sont sorties toutes les littératures modernes. Nous voulons savoir d'autres arts, d'autres systèmes, d'autres langues. Nous demandons aux vieilles nations reléguées aux extrémités de la terre les écrits nombreux qu'elles possèdent et dont nous sommes impatients de jouir. Nous ne pouvons plus nous borner à étudier l'esprit des peuples qui ont vécu avant nous dans les régions où nous sommes, c'est l'esprit de tous les peuples du monde que nous prétendons connaître et juger.

Les gouverneurs de l'Europe secondent à l'envi cette impulsion. Le roi de Prusse a fondé à Bonn une université consacrée à l'étude des langues de l'Asie; le roi de Bavière, le duc de Gotha, le roi de Danemark envoient en Asie et en Afrique pour y recueillir des manuscrits. La Hollande donne des successeurs aux Schultens, et la Russie prodigue à ses savants les encouragements et les récompenses.

Dans ce mouvement général, le premier rang doit appartenir à la France. La richesse de ses bibliothèques, l'avantage qu'elle a de posséder la plus précieuse collection de types orientaux qu'il y ait en Europe, le nombre et le mérite personnel des savants français, tout lui assure cette utile et flatteuse supériorité.

Mais ce n'est pas assez du zèle individuel des hommes laborieux qui se sont voués à ces études arides; il faut qu'une main puissante le seconde et le favorise. Pourquoi ne ferait-on pas aujourd'hui pour la littérature orientale ce qu'on fit dans le XVIe et dans le XVIIe siècle pour l'étude de l'antiquité et pour la littérature classique? Ne pourrait-on pas, à l'exemple de la grande Collection byzantine, du Recueil des Conciles et des Historiens de France, exécutés autrefois à l'Imprimerie royale, entreprendre une collection de principaux ouvrages orientaux, qui serait publiée sous les auspices de Votre Majesté?

Il serait facile à l'Imprimerie royale de suffire à l'exécution de cette entreprise sans interrompre le mouvement ordinaire de son service et sans faire même des dépenses très considérables.

Des élèves sont entretenus dans cet établissement pour y être instruits dans la manipulation typographique des caractères orientaux.

Le désir de hâter et d'étendre leur instruction avait fait ajouter au décret qui les avait établis une disposition fort utile dont on a malheureusement négligé l'exécution.

L'article 8 de ce décret était en effet conçu en ces termes :

« Notre Grand Juge, Ministre de la Justice, pourra autoriser l'impression en « langues orientales des ouvrages nécessaires tant pour l'instruction des élèves « que pour entretenir les compositeurs dans la connaissance et dans l'habitude « de leur travail. »

Et l'article 9 pourvoyait, par le moyen de la vente, au remboursement des frais.

Ces dispositions suffisent à l'accomplissement du projet dont je viens d'indiquer l'objet et les avantages.

Je propose donc à Votre Majesté d'accorder son approbation à ce projet et d'ordonner que l'article 8 du décret du 22 mars 1813 reçoive enfin son exécution.

Les savants français s'empresseront, je n'en doute point, de concourir à cette importante entreprise et de contribuer, par leurs soins et par leurs conseils, au nouveau monument que Votre Majesté aura consacré à la gloire des lettres et de la France.

Je suis, avec le plus profond respect, Sire, de Votre Majesté, le très humble, très obéissant et très fidèle serviteur et sujet.

Le Garde des Sceaux,
Ministre Secrétaire d'État au département de la Justice,
COMTE DE PEYRONNET.

RÈGLEMENT

1° Sur les conditions de l'admission, le classement et l'instruction des élèves en typographie orientale à l'Imprimerie royale ;

2° Sur l'exécution des travaux en langues orientales.

Du 8 septembre 1825 [1].

Le Maître des requêtes Administrateur de l'Imprimerie royale,

Voulant déterminer d'une manière plus précise et assurer l'exécution du décret du 22 mars 1813, en ce qui concerne l'admission et l'instruction des élèves en typographie orientale, ainsi que le prix des travaux à payer aux ouvriers en cette partie;

Voulant aussi pourvoir, selon la demande qui en est faite depuis longtemps par les savants, à ce que les travaux en langues orientales puissent être suivis sans interruption, indépendamment des travaux de la typographie française,

Arrête :

§ 1.

DES ÉLÈVES EN TYPOGRAPHIE ORIENTALE.

ARTICLE PREMIER.

Les élèves devront être Français, nés de père et de mère connus par leurs

[1] Au mois de juillet 1825, où l'on s'occupait de mettre à exécution le décret de 1813, l'ampliation de ce décret fut transmise à l'Imprimerie royale, sans doute en vue de la préparation du règlement. Cette ampliation parvint avec la note qui suit. L'observation qui se trouve en marge sur la minute avait été écrite par M. de Peyronnet à la place où elle est reproduite ci-dessous.

Observation confidentielle.

Dans un premier projet de ce décret du 22 mars 1813, l'article 8 était conçu en ces termes :

« Notre Grand Juge, Ministre de la Justice, pourra autoriser l'impression en langues orientales des « ouvrages nécessaires tant pour l'instruction des élèves que pour entretenir les compositeurs dans la « connaissance et dans l'habitude de leur travail. »

L'erreur commise dans le rapport au Roi vient de ce que l'imprimé du décret mis sous mes yeux était inexact. On avait pris le premier projet pour celui deffinitivement (*sic*) arrêté.

Le rapport approuvé par le Roi le 20 août 1824, inséré au *Moniteur* du 23 du même mois, énonce textuellement l'article 8 ci-dessus transcrit et comme s'il faisait réellement partie du décret du 22 mars, tandis que cet article a été modifié, ainsi qu'on le verra par la copie ci-jointe.

Au reste, le décret du 22 mars n'a point été inséré dans le temps au *Bulletin des lois*, et ne paraît pas l'avoir été non plus au *Moniteur*.

bonnes vie et mœurs, et, autant que possible, choisis de préférence parmi les enfants des anciens ouvriers de l'Imprimerie royale.

ART. 2.

Ils devront être âgés au moins de 16 ans.

ART. 3.

Ils devront savoir bien lire le manuscrit, écrire correctement et faire les premières règles de l'arithmétique. Ceux qui auraient déjà travaillé à la composition sur les caractères latins seront admis de préférence.

ART. 4.

Aucun élève ne pourra être reçu que sur l'engagement pris par les parents de le laisser dans les ateliers de l'Imprimerie royale, comme élève, au moins pendant trois années (voir l'article 13, 2e alinéa), et comme ouvrier, pendant six autres années, si l'Administration le juge convenable.

ART. 5.

Pour la garantie de cet engagement, ils devront présenter un répondant connu et agréé par l'Administration.

ART. 6.

Les demandes pour entrer comme élève compositeur dans la typographie orientale devront être adressées au Maître des requêtes Administrateur de l'Imprimerie royale; elles contiendront : 1° la désignation du nom et de l'adresse des parents; 2° l'extrait de naissance de l'enfant; 3° un certificat de bonnes vie et mœurs des parents, délivré par le curé de leur paroisse ou par le commissaire de police de leur quartier; 4° l'engagement des parents, et le nom et l'adresse de celui qu'ils offrent pour répondant.

ART. 7.

Les élèves en typographie orientale seront divisés en deux classes :

La première sera composée de ceux qui feront leurs première et deuxième années;

La deuxième, de ceux qui feront leur troisième année, et la quatrième année, s'il est nécessaire.

ART. 8.

Les élèves de la première classe suivront, pendant la première année, les leçons de lecture des diverses langues orientales. Ils justifieront de leur assiduité à ces leçons par des certificats de présence.

Hors des heures de ces leçons, et pendant celles des travaux dans les ateliers de l'Imprimerie royale, ils devront s'instruire du travail des compositeurs en français, et se former à lever la lettre et à la distribuer.

Pendant la deuxième année, ils continueront à se familiariser avec la lecture des diverses langues orientales, en suivant encore les leçons s'il est nécessaire. Ils s'appliqueront à la connaissance des diverses casses, et se formeront à la composition dans ces langues, sous la direction du prote des langues orientales, et aux travaux des compositeurs en français.

ART. 9.

Les élèves de la deuxième classe seront exercés, pendant les troisième et quatrième années, à composer successivement dans les diverses langues orientales et avec les caractères latins. Ils s'instruiront de tous les travaux des compositeurs.

ART. 10.

Les élèves de la première classe ne recevront aucune rétribution pendant la première année.

Si ces élèves étaient déjà apprentis dans la typographie française, ils recevraient une rétribution égale à celle qu'ils auraient eue comme apprentis.

ART. 11.

A la fin de la première année, ils subiront un examen sur la connaissance des caractères et signes des langues hébraïque, grecque, arabe, syriaque, tartare-mantchou, arménienne.

Ceux qui auront donné la preuve d'une aptitude suffisante recevront, pendant la deuxième année, une rétribution de 2 *francs* par jour.

ART. 12.

A la fin de la deuxième année, ils seront de nouveau examinés : 1° sur la composition, la distribution, la correction et la manière d'imposer les formes d'une feuille d'impression, jusqu'à l'*in-octavo*, pour la typographie française :

2° sur la lecture des caractères imprimés des diverses langues orientales indiquées ci-dessus, et la composition de ces caractères.

Ceux qui auront bien exécuté ces opérations passeront à la deuxième classe et recevront pendant la troisième année une rétribution de *2 fr. 50* à *3 francs* par jour, selon leur degré d'avancement.

ART. 13.

A la fin de la troisième année, les élèves de la deuxième classe seront encore examinés sur toutes les parties du travail du compositeur en caractères latins et, de plus, sur la lecture du manuscrit des diverses écritures orientales, sur la composition et la distribution des caractères de ces diverses langues, les rapports de ces caractères avec les caractères latins, et enfin sur toutes les parties de la composition.

Ceux qui auront exécuté ces opérations de manière à prouver qu'ils sont suffisamment instruits pourront être mis à leurs pièces, et payés, pendant la quatrième année, à raison de trois quarts des prix payés aux ouvriers. Les autres seront conservés dans la deuxième classe.

ART. 14.

Les élèves qui auront fourni leur temps d'exercice seront conservés au moins deux ans à leurs pièces avant de pouvoir être mis à la journée dans l'une ou dans l'autre typographie.

ART. 15.

Lorsque les élèves de la première classe seront admis à passer à la deuxième, ils seront remplacés dans la première, de manière que cette classe soit toujours composée de deux élèves.

ART. 16.

Les élèves qui ne montreraient ni exactitude ni application, ou qui auraient montré de l'insubordination, seront renvoyés, et, dans ce cas, il y aura lieu à répéter sur leurs parents les sommes qu'ils auraient reçues pendant la deuxième année, évaluées à 600 francs.

ART. 17.

Ceux qui, dans les examens, prouveraient peu de capacité et d'aptitude pour la composition des caractères orientaux, seront renvoyés dans la première classe des apprentis de la typographie française.

Ceux qui ne seraient pas suffisamment avancés seront conservés dans la classe où ils se trouvent, et alors ils devront faire une année d'exercice de plus.

ART. 18.

Les commissions d'examen seront formées de trois membres, désignés par le Maître des requêtes Administrateur de l'établissement, pour chaque examen; elles lui rendront compte directement du résultat de leurs examens.

DISPOSITION SPÉCIALE.

ART. 19.

L'élève qui existe en ce moment devra subir les examens indiqués dans les articles 11, 12 et 13; il sera classé d'après son degré d'instruction.

§ 2.

DE L'INSTRUCTION DES ÉLÈVES.

ART. 20.

Des leçons particulières seront données, aux frais de l'établissement, aux élèves en langues orientales, pour la connaissance des signes alphabétiques de ces langues et leur lecture sur l'impression et le manuscrit, sous la direction du membre de l'Académie des inscriptions et belles-lettres attaché à l'Imprimerie royale.

ART. 21.

Le cours de lecture des élèves commencera par l'arabe, le grec et l'hébreu.

A mesure que ces élèves se seront fortifiés dans la connaissance des signes de ces langues, ils passeront à ceux des langues arménienne, syriaque, tartare-mantchou et des autres langues orientales dont les types existent à l'Imprimerie royale.

ART. 22.

Ceux des élèves qui auraient montré le plus d'aptitude pourront être désignés pour l'étude des langues chinoise et japonaise.

ART. 23.

Le professeur désignera successivement au prote des langues orientales ceux des élèves qui seront assez instruits pour commencer à étudier les diverses casses et à s'exercer sur le plomb.

ART. 24.

Le prote des langues orientales est chargé spécialement de cette partie de l'instruction des élèves, soit qu'ils les dirige par lui-même, soit qu'il charge de ce soin les élèves les plus avancés.

§ 3.

DU SALAIRE DES OUVRIERS COMPOSITEURS EN LANGUES ORIENTALES

ART. 25.

Toutes les compositions à exécuter dans l'atelier des langues orientales seront faites aux pièces.

Le prix des compositions sera fixé sur le pied d'une journée à 6 francs pour les ouvrages complètement écrits en langue orientale.

Lorsque les ouvrages seront mi-partis de caractères latins et de caractères orientaux, le salaire, par feuille de composition, sera calculé, à raison de 6 francs par journée, sur le nombre de lignes de caractères orientaux qui s'y trouvera : le texte en caractères latins sera payé conformément au tarif ordinaire.

Le prix à payer à l'ouvrier par feuille de chaque nature d'ouvrage devra être approuvé par le membre de l'Institut attaché à l'Imprimerie royale.

§ 4.

EXÉCUTION DES TRAVAUX EN LANGUES ORIENTALES

ART. 26.

Indépendamment des élèves, des ouvriers seront spécialement attachés à l'atelier des langues orientales.

ART. 27.

Ils ne pourront être détachés pour travailler dans les ateliers de la typographie française que lorsque les travaux particuliers de cet atelier le permettront, et sur l'autorisation spéciale du membre de l'Académie des inscriptions et belles-lettres attaché à l'établissement.

ART. 28.

A l'avenir, seront exécutés dans cet atelier, indépendamment des ouvrages entièrement écrits dans les langues orientales, ceux dont la partie écrite dans ces langues serait assez importante pour l'exiger.

ART. 29.

L'atelier oriental est placé, quant à l'exécution typographique, sous la direction du chef et du sous-chef de la typographie.

Le prote dirigera la composition et la correction, sous l'autorité du membre de l'Académie des inscriptions et belles-lettres attaché à l'Imprimerie royale.

ART. 30.

Les formes ne seront mises sous presse que lorsque l'épreuve, revêtue du bon à tirer de l'auteur, aura été visée par le membre de l'Académie des inscriptions et belles-lettres attaché à l'établissement, pour la correction, et par le sous-chef du service de la typographie, contrôleur des travaux, pour l'arrangement typographique.

§ 5.

DISPOSITION GÉNÉRALE.

ART. 31.

Le membre de l'Académie des inscriptions et belles-lettres attaché à l'Imprimerie royale et le chef du service de la typographie sont chargés, chacun en ce qui le concerne, de l'exécution du présent règlement, qui sera soumis à l'approbation de Mgr le Garde des Sceaux.

Le Maître des requêtes,
Administrateur de l'Imprimerie royale,
L. DE VILLEBOIS.

Approuvé :

Le Garde des Sceaux,
Ministre Secrétaire d'État au département de la Justice,
COMTE DE PEYRONNET.

ARRÊTÉ DE MGR LE GARDE DES SCEAUX

SUR LE MODE D'EXÉCUTION DE LA COLLECTION ORIENTALE DONT LE PROJET A ÉTÉ APPROUVÉ LE 20 AOÛT 1824.

Du 10 septembre 1825.

Le Garde des Sceaux, Ministre Secrétaire d'État au département de la Justice,

Vu le décret du 22 mars 1813;

Vu le rapport approuvé par le feu Roi le 20 août 1824;

Vu le règlement pour l'admission et l'instruction des élèves en typographie orientale;

Considérant que le but de Sa Majesté a été d'utiliser les élèves d'une manière profitable à la fois à l'État et aux gens de lettres, en adoptant un plan d'éditions successives, formant collection, des manuscrits inédits qui existent à la Bibliothèque du Roi, à l'exemple de la grande Collection byzantine, du Recueil des actes des Conciles et de celui des Historiens de France, qui ont déjà été exécutés à l'Imprimerie royale;

Sur le rapport du Maître des requêtes Administrateur de cet établissement,

Arrête :

ARTICLE PREMIER.

Les élèves de la typographie orientale et le nombre nécessaire de compositeurs dans cette typographie seront employés à la composition d'une suite d'ouvrages, en général historiques ou géographiques, en arabe, persan, chinois, arménien et autres langues orientales, tirés des manuscrits inédits de la Bibliothèque du Roi ou des autres bibliothèques publiques et particulières.

ART. 2.

La composition de plusieurs de ces ouvrages en caractères différents sera entreprise et suivie à la fois, de manière à ce que la composition en caractères différents soit entremêlée.

ART. 3.

Il sera imprimé, chaque année, de cette Collection, 40 feuilles au moins et 50 feuilles au plus.

ART. 4.

Les textes devront être accompagnés d'une traduction française ou latine, selon le génie particulier des langues. Les ouvrages seront exécutés format grand in-4°, et d'une manière uniforme pour former collection.

ART. 5.

Une rétribution fixe pour chaque ouvrage, réglée par nous sur la proposition du Maître des requêtes Administrateur de l'Imprimerie royale, sera accordée par chaque feuille d'impression fournie par les traducteurs-éditeurs.

ART. 6.

Chaque ouvrage sera tiré à 500 exemplaires.

ART. 7.

Sur ce nombre, 100 exemplaires seront réservés pour être distribués gratuitement aux bibliothèques publiques de Paris et des départements.

ART. 8.

Les 400 exemplaires restants seront vendus aux enchères au commerce de la librairie, sur soumission cachetée, d'après une mise à prix fixée par nous, sur le rapport que nous aura fait le Maître des requêtes Administrateur de l'établissement des frais auxquels lesdits ouvrages auront donné lieu.

ART. 9.

Le choix des ouvrages à imprimer dans cette Collection et celui des traducteurs-éditeurs seront faits par une commission de quatre membres de l'Académie des inscriptions et Belles-lettres, présidée par le Maître des requêtes Administrateur de l'Imprimerie royale.

ART. 10.

Le membre de l'Académie des inscriptions et belles-lettres attaché à l'Imprimerie royale surveillera l'exactitude des textes, la fidélité de la traduction et l'exécution typographique.

ART. 11.

Le Maître des requêtes Administrateur de l'Imprimerie royale est chargé de l'exécution du présent arrêté.

Donné en l'hôtel de la Chancellerie, à Paris, le 10 septembre 1825.

Le Garde des Sceaux,
Ministre Secrétaire d'État au département de la Justice,
COMTE DE PEYRONNET.

ARRÊTÉ DE MGR LE GARDE DES SCEAUX

COMPOSANT LA COMMISSION CHARGÉE DE DIRIGER LE CHOIX DES OUVRAGES QUI DOIVENT FORMER LA COLLECTION ORIENTALE.

Du 10 septembre 1825.

LE GARDE DES SCEAUX, Ministre Secrétaire d'État au département de la Justice,

Vu l'arrêté, en date de ce jour, qui charge une commission de membres de l'Académie des inscriptions et belles-lettres de diriger le choix des ouvrages destinés à former une collection orientale;

Sur le rapport du Maître des requêtes Administrateur de l'Imprimerie royale,

ARRÊTE :

ARTICLE PREMIER.

Sont nommés pour former cette commission :

MM. Abel RÉMUSAT,
Raoul ROCHETTE,
Étienne QUATREMÈRE,
SAINT-MARTIN,

Membres de l'Académie des inscriptions et belles-lettres.

ART. 2.

Les membres de la Commission recevront un jeton de présence par séance.

ART. 3.

Le Maître des requêtes Administrateur de l'Imprimerie royale est chargé de l'exécution du présent arrêté.

Donné en l'hôtel de la Chancellerie, à Paris, le 10 septembre 1825.

Le Garde des Sceaux,
Ministre Secrétaire d'État au département de la Justice.
COMTE DE PEYRONNET.

LETTRES D'ACCEPTATION
DES MEMBRES DE LA COMMISSION.

Monsieur,

J'ai reçu la lettre que vous m'avez fait l'honneur de m'écrire en date du 19 de ce mois, et l'extrait que vous avez bien voulu y joindre, d'un arrêté de S. G. M. le Garde des Sceaux, qui me concerne. Si je n'écoutois qu'un juste sentiment de défiance de moi-même, puisqu'il s'agit de travaux qui ne sont pas du genre de mes études, et qui réclament d'autres connoissances que les miennes, j'oserois, tout flatté que je suis de l'honneur que je reçois, vous prier, Monsieur, de faire agréer mes excuses à S. G. Mais je suis trop sensible à cet honneur, pour céder, même à la modestie qu'il me commande. A défaut de lumières je tâcherai d'apporter du zèle, et, dans tous les cas, je me ferai un devoir, et presque un titre, de mon assiduité. Veuillez donc, Monsieur, faire connoître à S. G. que j'accepte avec reconnoissance l'honorable mission qu'Elle me confie.

Je me félicite de cette occasion d'offrir à un magistrat tel que vous, Monsieur, l'hommage de ma considération respectueuse, et je vous prie de croire qu'un des motifs qui ont fait céder mes trop justes scrupules, c'est la connoissance des rapports que doit avoir avec vous la Commission dont je suis membre.

Raoul-Rochette

A la Bibliothèque du Roi,
ce 23 septembre 1825.

Monsieur,

J'ai reçu la lettre que vous m'avez fait l'honneur de m'adresser, et par laquelle vous m'annoncez que Mgneur le Garde des Sceaux a bien voulu me nommer membre de la Commission destinée à diriger la publication d'une collection d'historiens orientaux.

J'ai l'honneur de vous prévenir, Monsieur, que j'accepte cette mission honorable, et que je me ferai un devoir de mettre dans l'exercice de ces nouvelles fonctions tout le zèle que réclame une entreprise aussi utile.

J'ai l'honneur d'être avec la plus haute considération
Monsieur

Votre très humble et très
obéissant serviteur

Paris, le 26 septembre 1825.

Quatremère

Monsieur,

J'ai reçu la lettre par laquelle vous me faites l'honneur de m'annoncer que Sa Grandeur M. le Garde des Sceaux m'a désigné pour faire partie d'une Commission chargée de surveiller l'impression d'une collection d'ouvrages orientaux. Je suis très flatté de cette nouvelle marque d'estime de la part de S. G., et je m'efforcerai d'y répondre dignement. Veuillez, Monsieur, être assez bon pour lui en transmettre l'assurance et croyez que je m'estimerai très heureux des nouveaux rapports que ces fonctions me permettront d'avoir avec vous.

Je suis avec une considération très distinguée,
Monsieur,

Votre très humble et très
obéissant serviteur

Paris, 30 septembre 1825.

J. P. Abel-Rémusat

La lettre d'acceptation de M. de Saint-Martin manque au dossier.

RAPPORT AU GARDE DES SCEAUX,

MINISTRE SECRÉTAIRE D'ÉTAT DE LA JUSTICE,

SUR LA PUBLICATION DE LA COLLECTION ORIENTALE.

Paris, le 18 mars 1832.

Monsieur le Garde des Sceaux,

L'article 8 du décret du 22 mars 1813 porte :

« Notre Grand Juge, Ministre de la Justice, pourra autoriser l'impression en « langues orientales des ouvrages nécessaires tant pour l'instruction des « élèves que pour entretenir les compositeurs dans la connaissance et dans « l'habitude de leur travail. »

Cet article n'a pas reçu alors son exécution, mais on s'en est souvenu en 1824.

Un rapport au Roi, du 20 août 1824, propose d'appliquer les exercices des élèves et compositeurs en langues orientales à une collection tirée des manuscrits inédits de la Bibliothèque du Roi. Ce rapport, approuvé par le Roi, avait reçu un commencement d'exécution. Une Commission destinée à diriger le choix des ouvrages de cette collection avait été choisie parmi les membres de l'Académie des inscriptions et belles-lettres. Elle se composait de MM. Abel Rémusat, Raoul Rochette, Étienne Quatremère et Saint-Martin. Ces savants devaient surveiller l'exactitude des textes, la fidélité de la traduction et l'exécution typographique.

Quelques essais à peine ont été tentés, et l'arrêté du Garde des Sceaux, en date du 10 septembre 1825, qui établissait le mode d'exécution de la *Collection orientale*, a été à peu près sans résultat.

C'était pourtant une belle entreprise, utile pour l'avancement des lettres orientales, et honorable pour le pays. Elle mettait en usage et en lumière tous ces beaux types étrangers que les autres pays nous envient; elle continuait la gloire de l'Imprimerie royale: elle rappelait les travaux de son beau temps, la grande collection de la Byzantine, le Recueil des Conciles et des Historiens de France.

J'ai l'honneur de vous proposer, Monsieur le Garde des Sceaux, de reprendre l'exécution interrompue de ce projet.

Les principales dispositions de l'arrêté précité de M. le Garde des Sceaux me paraissent suffire pour assurer cette exécution, et ne semblent guère devoir laisser lieu à des dispositions nouvelles.

1° Les ouvrages seront en général historiques ou géographiques.

On pourrait admettre aussi dans ce recueil une série d'ouvrages poétiques ou philosophiques.

2° Plusieurs ouvrages seront composés en même temps, de manière à ce que la composition des différents caractères soit entremêlée.

3° Il sera imprimé chaque année 40 feuilles au moins de cette Collection et 50 feuilles au plus.

4° Chacun de ces ouvrages sera publié par livraisons de 10 feuilles.

Ces publications nécessiteraient une dépense de 150 francs environ par feuille; ce qui porterait annuellement la dépense totale de 6 000 à 7 000 francs.

La rétribution des savants chargés de préparer l'impression et la traduction des textes, et qui peut être fixée à 60 francs par feuille, ajouterait aux frais de typographie une dépense annuelle de 2 400 à 3 000 francs.

Cette dépense totale de 8 000 à 10 000 francs serait prise sur le crédit des impressions gratuites; mais, par suite de la disposition qu'il me reste à vous soumettre, ce crédit ne serait en quelque sorte qu'une avance.

Un arrêté ministériel du 10 septembre 1825 établit que chaque ouvrage oriental sera tiré au nombre de 500 exemplaires, et que, sur ce nombre, 400 seront vendus aux enchères au commerce de la librairie.

Ainsi la recette produite par les exemplaires vendus au commerce paraît devoir couvrir, du moins en grande partie, la dépense totale; car si les livres orientaux ont encore peu de lecteurs en France, ils en trouvent beaucoup en Allemagne et en Angleterre, et une aussi importante collection pour les lettres orientales serait fort recherchée des étrangers, en même temps qu'elle ferait grand honneur à notre pays.

Je viens vous demander, Monsieur le Garde des Sceaux, de rafraîchir en quelque sorte l'arrêté du 10 septembre 1825.

L'approbation que vous donnerez à ce rapport m'autorisera à réunir de nouveau la Commission des impressions orientales, dont les séances sont depuis longtemps interrompues; et c'est de concert avec elle que je vous proposerai le mode définitif d'exécution.

Je suis avec respect,

Monsieur le Garde des Sceaux,

Votre très humble et très obéissant serviteur.

Le Directeur de l'Imprimerie royale,
Membre de l'Institut,

LEBRUN.

Approuvé :

BARTHE.

ARRÊTÉ DE M. LE GARDE DES SCEAUX

RENOUVELANT LA COMMISSION.

Le Garde des Sceaux, Ministre Secrétaire d'État de la Justice,

Sur la proposition du Maître des requêtes Directeur de l'Imprimerie royale ;

Vu son rapport en date du 18 mars 1832,

Arrête :

ARTICLE PREMIER.

L'institution de la Commission orientale créée par arrêté du 10 septembre 1825 est confirmée.

ART. 2.

Font à l'avenir partie de cette Commission :

MM. le baron Silvestre de Sacy,
Étienne Quatremère,
Saint-Martin,
Chézy,
Burnouf,
Membres de l'Institut de France.

Le Maître des requêtes Directeur de l'Imprimerie royale, membre de l'Institut de France, la préside.

ART. 3.

Les Membres de la Commission orientale recevront un jeton de présence par séance.

ART. 4.

Le Maître des requêtes Directeur de l'Imprimerie royale est chargé de l'exécution du présent arrêté.

Donné en l'hôtel de la Chancellerie, le 29 juin 1832.

BARTHE.

LETTRES D'ACCEPTATION

DES MEMBRES DE LA COMMISSION.

Monsieur,

Je viens de recevoir la lettre par laquelle vous me faites l'honneur de m'informer que M. le Ministre de la Justice m'a, sur votre proposition, nommé membre de la Commission orientale établie près l'Imprimerie royale. Le choix que vous avez bien voulu faire de moi pour m'adjoindre à une Commission qui compte dans son sein des savans aussi illustres, n'est trop honorable pour que je ne m'empresse pas de vous en témoigner toute ma reconnaissance. Veuillez, Monsieur, en agréer l'expression sincère, et croire que je ferai tous mes efforts pour me rendre digne d'un honneur que je ne dois encore qu'à votre bienveillante indulgence.

Permettez-moi de vous offrir en même temps l'assurance de la considération respectueuse avec laquelle je suis

Monsieur

Votre très humble et très obéissant serviteur.

Eugène Burnouf

Paris, ce 3 juillet 1832.

Paris, ce 3 juillet 1832.

Monsieur,

Je suis infiniment sensible à l'honneur que vous avez bien voulu me faire en me désignant à Monsieur le Garde des Sceaux comme digne de faire partie de la Commission instituée pour présider au choix de manuscrits orientaux propres à être publiés sous les auspices du Gouvernement; mais le déplorable état de ma santé m'in-

8

m'interdit absolument de prendre aucun engagement quelque léger qu'il soit et me condamne à languir dans la retraite.

Veuillez donc, Monsieur, recevoir tout à la fois l'expression de mes regrets et l'assurance bien sincère de ma profonde reconnaissance.

J'ai l'honneur d'être, Monsieur, avec la plus haute estime

Votre très humble et très obéissant serviteur,

Chézy

Monsieur Lebrun
Directeur de l'Imprimerie Royale, etc., etc., etc.

Monsieur,

Par votre lettre du 29 du mois dernier, vous me faites l'honneur de m'instruire que M. le Garde des Sceaux m'a nommé membre d'une Commission chargée de diriger la publication d'une collection de manuscrits orientaux. Quoique mes cours et mes travaux personnels me laissent peu de temps dont je puisse disposer, je me fais un devoir de concourir à l'exécution d'un projet qui doit faire honneur à la France et tourner au profit d'une littérature à laquelle j'ai consacré toute ma vie. Vous pourez donc, Monsieur, assurer M. le Garde des Sceaux que j'accepte la mission qu'il veut bien me confier, et que je m'empresserai de répondre au choix dont il m'a honoré.

Je me félicite Monsieur, des rapports que cette circonstance me procurera avec vous, et je vous prie de recevoir l'assurance de la haute considération avec laquelle j'ai l'honneur d'être

Votre très humble et très obéissant serviteur,

le Bon Silvestre de Sacy

Paris, 4 juillet 1832.

ARRÊTÉ COMPLÉTANT LA COMMISSION.

Le Garde des Sceaux, Ministre Secrétaire d'État au département de la Justice,

Sur la proposition du Maître des requêtes Directeur de l'Imprimerie royale,

Arrête :

ARTICLE PREMIER.

M. Fauriel, professeur de littérature étrangère à la Faculté des lettres, est nommé membre de la Commission orientale près l'Imprimerie royale, en remplacement de M. Chézy, décédé.

ART. 2.

Le Maître des requêtes Directeur de l'Imprimerie royale est chargé de l'exécution du présent arrêté.

Fait à la Chancellerie, le 14 décembre 1832.

BARTHE.

LETTRE D'ACCEPTATION.

Paris, le 30 décembre 1832.

Monsieur le Directeur,

C'est à mon retour d'une courte absence que j'ai trouvé la lettre que vous m'avez fait l'honneur de m'écrire le 17 de ce mois, en m'adressant copie de l'arrêté de M. le Garde des Sceaux qui me nomme membre de la Commission orientale près l'Imprimerie royale.

Je n'hésite point à accepter cette nomination comme une marque honorable de confiance. Je tâcherai de la mériter par du zèle, tout en regrettant de ne pas apporter à mes savans collègues des connaissances moins inégales aux leurs.

Veuillez bien, Monsieur le Directeur, être auprès de Monsieur le Ministre l'interprète de mon empressement, et croire au plaisir sincère avec lequel j'accueillerai toujours toute occasion d'être en relation avec vous, et de vous renouveler l'assurance amicale d'une estime déjà ancienne.

C. Fauriel

ARRÊTÉ COMPLÉTANT LA COMMISSION.

Le Garde des Sceaux, Ministre Secrétaire d'État au département de la Justice,

Sur la proposition du Maître des requêtes Directeur de l'Imprimerie royale,

Arrête :

ARTICLE PREMIER.

M. Mohl, de la Société asiatique, est nommé membre de la Commission orientale.

ART. 2.

Le Maître des requêtes Directeur de l'Imprimerie royale est chargé de l'exécution du présent arrêté.

Fait à l'hôtel de la Chancellerie, le 31 mars 1838.

BARTHE.

ARRÊTÉ COMPLÉTANT LA COMMISSION.

Le Garde des Sceaux, Ministre Secrétaire d'État au département de la Justice,

Sur la proposition du Maître des requêtes Directeur de l'Imprimerie royale,

Arrête :

ARTICLE PREMIER.

M. Amédée Jaubert, de l'Académie des inscriptions et belles-lettres, est nommé membre de la Commission orientale.

ART. 2.

Le Maître des requêtes Directeur de l'Imprimerie royale est chargé de l'exécution du présent arrêté.

Fait à l'hôtel de la Chancellerie, le 31 mars 1838.

BARTHE.

Les lettres d'acceptation de MM. Mohl et Jaubert n'ont pas été retrouvées.

TABLE.

www.ingramcontent.com/pod-product-compliance
Lightning Source LLC
LaVergne TN
LVHW050431160826
845677LV00002BA/653

9782329687100